I0479584

VOLUME 22

O ERRO DOS GRANDES CIENTISTAS

ESTENDENDO A TEORIA DO BIG BANG

PRIMEIRA EDIÇÃO

Carlos L. Partidas

Nº Depósito Legal MI2019000457
ISBN: 978 1672 7180 73

9 781672 718073

REGISTRO DE PROPRIEDADE INTELECTUAL SAPI: Nº 8074
DO COMPÊNDIO A QUÍMICA DAS DOENÇAS
REPÚBLICA BOLIVARIANA DA VENEZUELA, 07/05/2010

DEDICATÓRIO

À memória dos grandes cientistas, que ajudaram a desobstruir o intrincado caminho da ciência, para que a humanidade passe livremente pelo caminho do conhecimento.

CONTEÚDO

RECONHECIMENTO

À força energética dos Almatrinos, que a fizeram
possível antes do tempo zero, a criação do nosso imenso
Universo

1

A HISTÓRIA FINAL DA FILOSOFIA

Durante uma das Conferências Zeitgeist do Google em 2011, Stephen Hawking afirmou que "a filosofia estava morta". Hawking disse: "Os filósofos não acompanharam os avanços da ciência, enquanto os cientistas se tornaram os portadores da chama da descoberta. E Hawking acrescentou que "as dúvidas filosóficas podem ser esclarecidas pela ciência, e em particular pelas novas teorias científicas, que nos mostram uma imagem diferente do universo". Mas este é sem dúvida um grande sucesso de Stephen Hawking, porque a ciência só toma como certa uma explicação, desde que esta hipótese possa ser testada experimentalmente. Portanto, a idéia que é vislumbrada a partir de uma determinada teoria, passará por uma série de testes, que estarão sujeitos a erros e sucessos. No entanto, alguns cientistas que tentam elaborar uma explicação precisa com o apoio de dados experimentais, confiam apenas em matrizes que surgem da matemática, e esquecem de focar o olhar no fenômeno real. E eles acreditam apenas no resultado que os cálculos prevêem. Mas este é um erro que os grandes cientistas têm cometido, que também por causa de seu prestígio, conseguiram que outros pensadores os seguissem cega-

1

mente, sem a necessidade de estabelecer seus próprios critérios ou sem objeções. E podemos dizer, como Stephen Hawking, que na realidade a filosofia está morta, porque é a ciência que está desvendando os grandes mistérios da Natureza. Mas esta disciplina deve ser entendida como útil, porque foi a que obrigou o ser humano a pensar em como dar uma explicação à sua origem, aos enigmas e ao princípio real do seu mundo cósmico.

Ou talvez porque nos velhos tempos não tinham sido desenvolvidos os instrumentos necessários para a realização de métodos experimentais, de modo que as explicações dos fenômenos só surgiram da capacidade do pensamento, o que fez irromper a formação de pensadores filosóficos, assim como a emergência de grandes cientistas. Ou talvez por isso tenha correspondido a alguns de nós observar mais de perto a reconstrução dos fenômenos, com base em dados ou nas ferramentas que nos foram dadas pelos novos e modernos instrumentos, para seguir os indeléveis traços deixados pela evolução do Universo.

Ou podemos dizer que, quando ainda não existiam métodos experimentais, as ideias dos filósofos actuavam com grande ímpeto, porque eram eles que podiam explicar, cada um à sua maneira, os grandes mistérios da origem do Universo. Por exemplo, até ao século XVII, considerou-se que a tendência de um corpo cair na terra era uma propriedade inerente a todos os corpos. Portanto, o fenômeno foi assim esclarecido e, portanto, nenhuma outra explicação foi necessária. Até que William Stukeley em seu livro "Memória da Vida do Sr. Isaac Newton", publicado em 1752, descreve que encontrou o grande cientista bebendo chá em um jardim sob maciças, e que quando Newton viu uma queda de maçã, comentou a

Stukeley que esse cenário era o mesmo de quando descreveu a idéia de gravitação. E Stukeley escreveu: "Uma maçã caiu sobre ele quando ele descansou meditando"... Embora saibamos que a força gravitacional é uma propriedade dos corpos que tem de ser medida, mas não pode ser prevista por uma função matemática.

E entre essa série de confusões filosóficas, seria que o enorme número de igrejas surgiu, quando alguns filósofos coincidiram, que no ponto inicial de tudo isso, deve ter havido a ação de um criador. Mas a única coisa que até agora ficou escondida atrás de qualquer experimento, foi a imagem desse criador. E este segredo também foi uma grande idéia, porque se supõe que não será possível demonstrar algo que não existe realmente. Portanto, é a única coisa que não deixou vestígio de sua evidência e, dessa forma, a idéia da existência de um criador pode ser mantida viva.

Mas também surge a idéia de ateísmo entre os grandes cientistas, quando observam que não há evidência da existência de um ser supremo. E essa busca chega também aos grandes religiosos, quando tentam provar de alguma forma essa existência. Ou a lógica pode levar cientistas, grandes filósofos e pessoas religiosas em uma jangada em um mar agitado. E cada um vai decidir se prefere se tornar um filósofo quando ele ou ela tenta procurar algo na realidade que ele não consegue. Ou quando ele recebe, a tempestade vai finalmente chegar a sua calma, e inevitavelmente, uma idéia vai apagar a outra. No entanto, como Stephen Hawking disse, um deles, a filosofia, está morto, porque ele não pode mais investigar idéias sobre a jangada com o mar agitado, porque a ciência acalmou-o com provas experimentais de cada fenômeno, ea mente analítica do ser humano está agora remando para um porto seguro. Enquanto o religioso, permanece confiante em sua expectativa.

Mas quanto aos cientistas e à formação do Universo, talvez essa calma tenha vindo quando Edwin Powell Hubble observou que as galáxias estão se afastando da Terra. E isso supõe uma realidade, como é, que o Universo está em estágio de crescimento, quando mesmo estando em plena tempestade, todos os rafters acreditavam que o Universo era estático, e que o centro do Universo era a Terra.

Mas essa nova idéia de Hubble, ou a realidade de um Universo em expansão, indicava que deveria haver um ponto de origem, a partir do qual ele começou a se formar no Universo. E foi essa idéia que foi proposta precisamente por um reverendo da Igreja Católica de origem belga, Georges Henri Joseph Édouard Lemaitre. Porque esse fato de um Universo em crescimento, o adequava perfeitamente à busca da igreja; já que se supunha, que alguém tinha que estar por trás desse crescimento, para alimentar esse ponto e que o Universo se formou. Portanto, alguns cientistas e cosmólogos não religiosos suspeitavam que a igreja estava se intrometendo nesses fenômenos que só podiam ser explicados pela ciência.

Mas, então, essa idéia foi saltando e, ao mesmo tempo, preenchendo de alguma forma a jangada de eventos, até que a idéia de Georges Lemaitre foi aceita pela maioria dos cientistas e cosmólogos, e todos concordaram em chamá-la de Teoria do Big Bang. Porque essa teoria se encaixa perfeitamente na explicação de como a matéria se originou da energia. Mas, mais uma vez, que essa teoria se afastou da idéia dos religiosos, que ainda não conseguiram seu criador por meio dessa proposição. Então, novamente, são levantadas idéias que muitos religiosos não mais compartilham com cientistas e cosmólogos, porque a própria teoria do Big Bang não prova a existência de um criador. E parece que Deus tem que aparecer em cena como um fato obrigatório, ou que consegue agradar ao imenso número de religiões, apesar de a raça humana ser única, e isso é navegar na mesma jangada. Portanto, não deve haver contratempos, para ver quem está realmente certo. Porque no final, qualquer que seja a resposta, a raça humana permanecerá a mesma raça humana, sem a necessidade de preferência por uma ou outra.

No entanto, ainda há dúvidas que a teoria do Big Bang não foi capaz de esclarecer; e os cientistas também cometem erros quando tentam esclarecer essas dúvidas. Por exemplo, se dissermos que o ponto tinha uma alta densidade de matéria, porque filosoficamente se supõe que toda essa matéria estava concentrada num único ponto. Mas, além disso, o Big Bang supõe que a energia surgiu porque esse ponto era extremamente quente. Então a grande dúvida é: de onde veio essa energia que aqueceu esse ponto? Ou como foi que essa matéria conseguiu se integrar até uma alta densidade naquele ponto?

Mas é aqui, onde surgem os erros dos grandes cientistas, porque experimentalmente se pode demonstrar, que quando as partículas se movem a uma grande velocidade, elas mesmas criam massa. E esse fenômeno foi o que provou experimentalmente a teoria da relatividade de Albert Einstein. Mas Albert Einstein se deteve, porque se concentrou apenas ou para olhar o fenômeno da criação da massa, como num conceito que parece ser ao invés de um cientista bastante filosófico, porque Einstein se dedicou a analisar esse fenômeno, apenas do ponto de vista matemático, e não na realidade científica, que uma partícula em movimento cria sua massa.

Ou, digamos, Einstein só viu com sua equação o momento em que esse movimento de uma partícula é menor que a velocidade com que a luz se move. Mas Einstein não considerou a massa que se forma quando a partícula se move mais rápido que a luz. Talvez porque, no raciocínio de Albert Einstein, a idéia ainda estava estabelecida, de que o Universo era estático, e apenas as partículas que se moviam mais rápido eram as da luz, que viajavam em forma de feixes chamados fótons. E foi assim para Einstein, porque a matemática indicava a Einstein que se as partículas se movessem mais rápido que a luz, então a massa criada seria imaginária, o que foi um dos grandes erros de Albert Einstein.

Mas Albert Einstein consegue que esse erro seja retirado por Wolfgang Pauli, Georges Lemaitre, Peter Higgs e Stephen Hawking, só para citar esses quatro, como os cientistas mais famosos, pois com suas idéias, mudaram a velha maneira de pensar, ou o conceito que a humanidade tinha sobre a origem do Universo. E o bóson de Peter Higgs, continua sendo a esperança para os religiosos, que pacientemente, continuarão esperando por seu criador na jangada.

Mas é observando a lógica do fenômeno que o mistério pode ser resolvido, mas não cegamente com o conceito encarnado apenas na matemática. E foi a partir da equação de Einstein que deduzimos uma equação que explica de forma mais clara ou mais evidente como o Universo se formou a partir do nada. Porque tudo o que era necessário era uma partícula muito pequena que começasse a mover-se com uma forma de torção espiral, e a partir desta formaram-se outras, que ainda não se podiam manifestar como energia, porque esse espaço era muito pequeno. E essas partículas que ainda existem, tivemos que chamar almatrinos, porque têm a propriedade física, se assim podemos chamar, de não ter massa em repouso. E com o novo conceito de números virtuais, podemos dizer que essas partículas são tão pequenas que não poderão ser detectadas. Mas isto responde a uma das dúvidas que não pode ser explicada pela teoria do Big Bang, como a existência de 74% da energia indetectável do Universo e 22% da massa que também não pode ser detectada. E é por isso que se chama energia e massa escura respectivamente. E esta equação, é o que representamos da forma:

$$U = m_0 C^3/E$$

O que é mais lógico, porque quando a energia E era muito pequena, a velocidade tangencial U da partícula tornou-se infinita, e a massa m foi formada a partir da massa em repouso m_0. E como é razoável, é a partir dos números virtuais que podemos dizer, que nesta equação, m_0 não era zero, mas era algo muito pequeno, ou seja, inferior a zero. E é daqui, ou neste preciso momento, que começamos a nos referir a quantidades ou valores que matematicamente podem ser muito pequenos ou indetectáveis.

Por exemplo, um quantum de carga elétrica é tão pequeno que não vamos conseguir detectá-lo por meio da desintegração da eletricidade, por mais meticulosa que seja essa fracionamento. Ou que ainda não percebemos que o ar que entra pelo nosso nariz, é formado por moléculas, e que só podemos perceber, por vezes sem nos opormos, que esta substância é ar. Mas suponhamos, por exemplo, que em um bulbo de 110 volts e 100 watts, cargas elementares entram pelo filamento

6×10^{18} por segundo. Então é um problema real imaginar um mundo tão pequeno quanto o dos Almatrinos. Mas é com o conceito de números virtuais que agora podemos mover-nos num espaço tão grande, como o intervalo do infinito menos ao infinito mais infinito $(-\infty, +\infty)$.

Dessa forma, os cientistas têm feito o possível para esclarecer os mistérios por trás da criação do Universo, mas apesar dos bilhões de anos que se passaram desde então, os cientistas descobriram que há uma seqüência lógica, ou que o que resta é um traço após cada evento. Dessa forma, que qualquer evento ocorrido nesse lapso, deixará uma imagem como um traço, que poderá ser usado para desenvolver um modelo matemático, com o qual esse traço poderá ser deixado definitivamente impresso, para poder explicar, como foi a evolução desse evento.

E para esta modelagem, a invenção da matemática tem sido muito útil, porque é o modelo matemático, que nos permite capturar ou gravar em papel, ou como impressão ou selo, a forma como os acontecimentos poderiam ter acontecido, para que possamos então sentar-nos para contemplar, analisar ou imaginar em retrospectiva, como esse acontecimento aconteceu, para que possamos depois projectá-lo para qualquer momento; ou mesmo para um momento que está à frente no tempo.

Mas com o conceito de tempo, como com a matemática, este é apenas um elemento auxiliar na ciência, já que não podemos dizer que há matemática ou tempo. Porque não poderemos pesá-los nem compreendê-los fisicamente. Por exemplo, não poderemos ter em nossas mãos uma função matemática, nem dois segundos de tempo para saber como são ou quanto pesam. Mas a matemática constrói automaticamente todas as combinações de números que podemos assumir, ou aquelas que não podemos imaginar, porque só temos de descobrir estas combinações complexas. E nessa busca incessante entre a matemática, podemos ser tomados por atalhos, ou não seremos capazes de explicar algo que não existe realmente.

E em termos de tempo, todo evento que já aconteceu não pode mais acontecer da mesma maneira. Então será impossível voltar a uma configuração do passado, porque não vai acontecer de novo ou estar na mesma forma. E este foi outro erro que Stephen Hawking cometeu, quando ele afirmou que devemos ter cuidado quando viajamos de volta no tempo, porque quando encontramos nossa origem, podemos definitivamente morrer. Então isso seria como suicídio energético, que é totalmente ilógico ou impossível.

Mas o real é que avançamos a um ritmo de uma origem que já podemos imaginar, e para um fim desconhecido, embora saibamos que esse fim está no mais infinito ($+\infty$). Mas dizemos desconhecido, porque não saberemos como esses eventos vão acontecer. Por exemplo, a humanidade está destruindo a Terra, mas isso não é culpa do Universo. Embora o que não conseguiremos prever exatamente, é como, ou quais serão essas conseqüências, em termos de equilíbrio do sistema solar.

E tudo o que acontecer nesse intervalo será imprevisível, porque só poderemos nos adaptar a um impulso ou ritmo imposto pelo desenvolvimento ou crescimento do Universo, que vai a uma bússola que não poderemos deter. Porque neste evento só se produzem duas formas que se podem sentir e medir: uma é energia e a outra variável é distância. Uma vez que no evento, o Universo afasta-se em cada fração do seu ponto de origem; mas ao mesmo tempo, alimenta-se com a energia que cria; e só requer que o Universo esteja em constante movimento.

E quanto ao ser humano, só vive com uma velocidade referencial zero em relação a um corpo que se move ao mesmo ritmo que o Universo. Uma vez que o ser humano só se desloca sobre o corpo da Terra, que se dirige para um curso desconhecido. Mas sabemos que está no mais infinito. E ao ficarmos de pé ou nos movermos com velocidade zero em relação à Terra, isso nos oferece oportunidades de fazer algo neste momento, e neste ponto do Universo, de onde percebemos que o Universo ainda está.

Ou, por exemplo, é o que permite ao ser humano poder medir um certo lapso, que ele chama de tempo. E com este conceito de tempo a ideia de um Universo estático enraíza-se ainda mais, porque se vive com uma ilusão de forma cíclica. Ou o ser humano vive preso dentro de suas próprias idéias criadas. Ou seja, encerrado apenas na ideia de tempo e matemática. E acredita, por exemplo, que os acontecimentos se repetem. Assim podemos sempre celebrar o Natal, mas esse Natal não é o mesmo, porque o Natal só aconteceu uma vez. Ou é impossível viver novamente na mesma segunda-feira, ou no mesmo sábado, porque segunda-feira e sábado não existem, mas impressos de forma cíclica, em um papelão chamado calendário.

Mas talvez essa idéia tenha surgido, porque a rotação da Terra nos dá a ilusão de que há dia e noite, quando na realidade, o que estamos girando é fixado no mesmo ponto que passa por outro ponto onde só há luz, porque não há sombra ali, e depois por outro, onde não há luz porque o que há só há sombra. E tudo o que acontecer nesse intervalo será imprevisível, porque só poderemos nos adaptar a um impulso ou ritmo imposto pelo desenvolvimento ou crescimento do Universo, que vai a uma bússola que não poderemos deter. Porque neste evento só se produzem duas formas que se podem sentir e medir: uma é energia e a outra variável é distância. Uma vez que no evento, o Universo afasta-se em cada fração do seu ponto de origem; mas ao mesmo tempo, alimenta-se com a energia que cria; e só requer que o Universo esteja em constante movimento.

E quanto ao ser humano, só vive com uma velocidade referencial zero em relação a um corpo que se move ao mesmo ritmo que o Universo. Uma vez que o ser humano só se desloca sobre o corpo da Terra, que se dirige para um curso desconhecido. Mas sabemos que está no mais infinito. E ao ficarmos de pé ou nos movermos com velocidade zero em relação à Terra, isso nos oferece oportunidades de fazer algo neste momento, e neste ponto do Universo, de onde percebemos que o Universo ainda está.

Ou, por exemplo, é o que permite ao ser humano poder medir um certo lapso, que ele chama de tempo. E com este conceito de tempo a ideia de um Universo estático enraíza-se ainda mais, porque se vive com uma ilusão de forma cíclica. Ou o ser humano vive preso dentro de suas próprias idéias criadas. Ou seja, encerrado apenas na ideia de tempo e matemática. E acredita, por exemplo, que os acontecimentos se repetem. Assim podemos sempre celebrar o Natal, mas esse Natal não é o mesmo, porque o Natal só aconteceu uma vez. Ou é impossível viver novamente na mesma segunda-feira, ou no mesmo sábado, porque segunda-feira e sábado não existem, mas impressos de forma cíclica, em um papelão chamado calendário.

Mas talvez essa idéia tenha surgido, porque a rotação da Terra nos dá a ilusão de que há dia e noite, quando na realidade, o que estamos girando é fixado no mesmo ponto que passa por outro ponto onde só há luz, porque não há sombra ali, e depois por outro, onde não há luz porque o que há só há sombra.

2

A IDEIA GEOCÊNTRICA

Talvez a localização fixa de um ponto na Terra fosse uma dedução chave, ou uma que se enquadrasse na lógica da imaginação, para os antigos gregos pensarem que o Sol girava em torno da Terra. Porque se tentássemos ver o fenómeno durante a noite, teríamos a certeza de que a Terra é a que gira em torno do Sol, mas é-nos impossível ver o Sol quando estamos a passar pela zona das trevas. Mas se pudéssemos correr na mesma direção e com a mesma velocidade com que a Terra gira em torno do Sol, então viveríamos eternamente no ponto de iluminação. Ou que para um observador de pé na superfície da Terra, um satélite geoestacionário, seria percebido como se o satélite estivesse situado em um ponto estacionário no céu iluminado. Ou não estaríamos mais vivendo a velocidade zero em relação à Terra, mas nos movendo à mesma velocidade que a Terra em torno do Sol. Em outras palavras, parece que realmente somos como um ponto flutuante na superfície da Terra. E essa é uma técnica de deslocamento geoestacionário, que é usada precisamente nos satélites, e nos dá a sensação de que os satélites estão fixados em um ponto em relação ao Sol; ou em que o satélite permanece estático ou em pé nesse ponto. Assim, para alguém que está montando no satélite, não haverá dia nem noite. Mas isso se consegue fazendo com que o satélite se mova na mesma direção e com a mesma velocidade da Terra em relação ao Sol. Ou se quiseres, sobe e tenta subir uma escada rolante, onde os degraus sobem. E se você tentar descer na mesma velocidade que você subir o degrau, você vai notar que parece que você está de pé no mesmo degrau, mas você não está subindo porque você está flutuando. Ou o outro exemplo, é quando você está jogging em uma correia transportadora; e no fato você está jogging mas sem mover-se do local, porque o que se move é a correia transportadora.

E é desta forma que o Sol foi pensado para girar em torno da Terra. Uma idéia que vem de pensadores gregos antigos, ou o que também é chamado de geocentrismo, ou melhor, sincronização geográfica. Mas foi essa confusão que levou o astrônomo Cláudio Ptolomeu, no segundo século, a formular uma descrição das conclusões da astronomia grega, conhecida como a hipótese de Ptolomeu, ou hipótese geocêntrica. Mas foi o erro desse raciocínio que manteve essa idéia viva por muito tempo. E devido a esse erro, assumiu-se que a Terra estava fixa no centro do Universo, enquanto o Sol, a Lua e as estrelas se moviam em torno da Terra. E foi uma idéia aceita há quase mil e quinhentos anos, o que foi suficiente para influenciar não só a forma de interpretar a ciência, mas também a astronomia e a filosofia. Mas, no final, essa teoria mostrou-se muito complexa, mas, além disso, não conseguiu adaptarse a um número cada vez maior de observações de outros pensadores. E esse, sem dúvida, foi um dos erros que mais durou com a raça humana, e foi cometido pelo astrônomo grego Claudio Ptolomeu.

No entanto, no século XVI, Copérnico derrubou a idéia geocêntrica e sugeriu que se pudesse fazer uma descrição mais simples dos movimentos celestes, assumindo que o Sol estava fixo no centro do Universo. E com esta nova teoria de Copérnico, a Terra era apenas um planeta girando em torno do Sol, enquanto os outros planetas tinham movimentos giratórios semelhantes aos da Terra. E foram essas controvérsias entre as duas teorias que forçaram os astrônomos a investigar mais de perto a nova idéia do heliocentrismo de Copérnico e do geocentrismo de Ptolomeu. Esse seria o caso de Tycho Brahe, que seria o último grande astrônomo a realizar suas pesquisas sobre o heliocentrismo, mas o erro é que Brahe não teve a ajuda de um telescópio.

Até 1609, Galileu Galilei usou um telescópio construído por ele; e com esse telescópio, Galileu descobriu as luas de Júpiter e as fases de Vênus. Portanto, foi Galileu e não Brahe que se tornou o defensor das idéias de Copérnico. Até cerca de vinte anos depois, um assistente de Brahe chamado Johannes Kepler, encontrou alguma evidência importante dos dados de Tycho Brahe, sobre o movimento das estrelas. Isso fez com que Johannes Kepler estabelecesse suas três leis que consideravam o movimento dos planetas em torno do Sol. Ou podemos concluir que foi Copérnico quem tirou suas idéias do erro de Cláudio Ptolomeu. Mas o erro de Nicolas Copérnico, como o de Brahe, é que eles não tinham um telescópio para olhar e explorar o espaço exterior, usando um telescópio para marcar um ponto fixo ou de referência no espaço.

Mas este foi também outro erro, porque a ideia errada de que o Universo era estático estava há muito estabelecida nas mentes dos cientistas. Fez até com que Albert Einstein, que propôs na lei da relatividade, introduzisse uma constante cosmológica para explicar por que o Universo era estático, cometesse o mesmo erro. Mas Einstein retraiu essa idéia em 1931, uma vez que Edwin Hubble observou o deslocamento vermelho das galáxias, o que confirmou que o Universo não era realmente estático. E em 1930, Eddington demonstrou que o Universo estático da relatividade com uma constante cosmológica não tinha lógica.

Assim, essa nova constante não se justificava, mas foi proposta por Einstein, para obter um resultado que, na época, se julgava necessário. E quando se apresentou a evidência da expansão do Universo por parte de Hubble, diz-se que Einstein chegou ao ponto de declarar que a introdução de tal constante foi o "pior erro de sua vida". E foi escrito pela primeira vez pelo físico George Gamow em um artigo publicado em setembro de 1956 na revista Scientific American que a constante cosmológica de Einstein era um "erro". Mas esta publicação foi um ano depois da morte de Einstein, que deixou a Terra, e não sabemos onde, em abril de 1955.

Mas como os gregos, tudo isso fazia parte de uma filosofia, até que surgiu o método experimental proposto por Francis Bacon. Ou seja, foi a filosofia que saiu de cena, quando Galileu Galilei apareceu com seu famoso telescópio. E talvez por isso Albert Einstein tenha qualificado Galileu como o pai da física experimental, pois ao poder ver para um ponto externo da Terra, Galileu foi capaz de provar experimentalmente que a Terra de fato gira em torno do Sol. E então William Herschel surgiria com um telescópio mais poderoso do que o de Galileu. Assim, com este telescópio, Herschel foi capaz de ver e explorar um mundo mais distante do que tínhamos imaginado anteriormente. Ou até mesmo Herschel afirmou que o Sol é realmente um imenso planeta no qual a vida existe, porque ele podia ver entre as tempestades solares enquanto elas se abriam como cortinas. Mas talvez seja aí que Albert Einstein vive com o seu corpo energético.

Mas entre o mundo da filosofia e da ciência, é que nos movemos com teorias e experiências, para explicar os mistérios do Universo. Mistérios que, quando descobertos, se revelam compreensíveis e simples. Mas talvez essa complexidade seja apresentada, quando tentamos capturar o fenômeno ou esse mistério por meio de um modelo matemático. Porque é o mesmo que as linguagens, já que através delas ainda não encontramos como expressar com exatidão nossos sentimentos, e teremos que usar o gesto para nos ajudar a expressar o que realmente sentimos. Mas não poderemos escrever o gesto, dar ou expressar um conteúdo emocional às palavras escritas na nossa língua.

E da mesma forma que para a ciência, a linguagem matemática ainda está cheia de imperfeições, o que não nos permite explicar um grande número de fenômenos, se nos baseássemos unicamente na linguagem matemática, sem fazer um gesto em relação ao fenômeno. Mas sustentado pela linguagem imperfeita da matemática, é o que fez com que os grandes cientistas se guiassem por uma série de erros, que talvez alguém, através da combinação de filosofia e lógica, isto é, com pensamento e discernimento, possa explicar os fenômenos cósmicos de outra forma. Mesmo sem a necessidade de matemática. Mas assim também se capta um maior número de seguidores, quando estes não têm critérios próprios. Como poderia ser o caso da grande quantidade de religiões que existem.

Mas, novamente, os cientistas caem no erro de pensar que, se algo não pode ser levado a um modelo matemático, é porque o fenômeno não existe. Ou sem raciocínio na evidência do fenômeno. Mas é o que nos obriga a introduzir no fenômeno, outros termos, como que a massa é imaginária. Enquanto alguns princípios, como o Princípio de Exclusão de Wolfgang Pauli, estão baseados numa interpretação lógica, que seria mais complicada de interpretar, se pudéssemos levá-la a explicá-la através de uma linguagem ou modelo puramente matemático. No entanto, todos nós aceitamos o Princípio de Exclusão de Pauli através da lógica.

E quando o ser humano pensa algo para tentar resolver o problema de um determinado fenômeno, a ciência é a que o obriga, para que através da lógica e da prova experimental, o pensamento tenha validade em dedução; ou para que essa idéia possa ser capturada por meio de uma função matemática, e com a qual se possa buscar uma solução ou propor uma nova lei ou um princípio que descreva o fenômeno.

Por exemplo, a função matemática mais simples é $y=mx+b$. De tal forma que qualquer matemático pode deduzir que esta função corresponde a uma linha reta. Enquanto que um físico diria que o fenômeno pode ser explicado por uma reta. Porque essa é a dependência ou relação entre a variável "y" e a variável "x". Já que "m" é a inclinação da reta; e "b" é o ponto pelo qual a reta passa no eixo "y". Ou seja, podemos desenhar a função no papel. E se "b" passa através da origem, então $b=0$ e a equação torna-se mais simplesmente $y=mx$. E com isso não poderemos mudar o fenômeno, mas apenas explicá-lo. E para explicar fenômenos mais complexos, os fenômenos precisam ser representados por outras funções mais confusas.

E assim, que cada fenômeno terá seu grau de confusão, até que com a ajuda da filosofia, podemos resolver o mistério de um fenômeno, que não valorizamos, quando não podemos explicá-lo por meio de um modelo matemático. Mas o fenômeno continuará a existir. E é neste conceito que filósofos e pessoas religiosas se baseiam, que dizem que o fato de não poder demonstrar a existência de Deus, não significa de forma categórica que Deus não existe. Só que ainda será invisível; ou não poderemos vê-lo, porque filosoficamente dizem que Deus realmente está em tudo o que existe, para que possamos vê-lo em toda parte. E o religioso diz: não se pode vê-Lo, mas aí está...

Mas também vista do ponto de vista dos cientistas, essa parafernália entre o filosófico e o científico, por exemplo, está em explicar o movimento de um único elétron em torno de um núcleo, como o átomo de hidrogênio. E foi Erwin Rudolf Josef Alexander Schrödinger, que quis levar esse fenômeno simples a um modelo matemático. Mas esta função é tão complexa que no final, o propósito ou idéia da função matemática também não é compreendido. Mas o exemplo é patético, porque o próprio Schrödinger não entenderia sua função matemática, porque o único que poderia entendê-la era Max Born, que poderia deduzir que esta função expressou a probabilidade de encontrar o único elétron em um determinado lugar e momento em torno do único núcleo de hidrogênio. Então Max Born recebeu um Prêmio Nobel, que poderia ter sido para Schrödinger. Mas Schrödinger achou impossível ou difícil levar seu modelo ao átomo de hélio, isto é, dois elétrons girando ao redor de um núcleo com dois prótons. E isso foi sem dúvida o grande erro de Schrödinger.

Mas talvez o outro que nós podemos mencionar aqui é o caso do jovem matemático venezuelano Ramsés Cornieles, que resolveu o problema da divisão por zero. Mas foi algo que talvez Ramsés também não tenha entendido. No entanto, ele me permitiu deduzir como era o Universo antes do tempo zero. Mas esses talvez sejam apenas alguns dos erros que os grandes cientistas cometeram, porque só vão pelo caminho da matemática, mas não se preocupam em buscar uma solução, observando diretamente na lógica da natureza e a razão pela qual o fenômeno ocorre dessa forma. E o que não pode ser explicado pela matemática recebe então o título de "...mistério da ciência...", ou seja, todos os médicos que não encontram a origem de uma doença atribuem imediatamente a causa de toda essa culpa ao estresse.

Daí surgem os mais destacados, ou seja, os cientistas que têm a capacidade de analisar um fenômeno, mas não podem deixá-lo apenas em sua mente, mas têm que levá-lo a um modelo matemático, para que outros o avaliem e valorizem; ou para que outros reconheçam ou rejeitem a idéia. Portanto, para poderem imprimir graficamente a solução, têm de utilizar a linguagem matemática. É como compor uma melodia, mas só sabemos tocá-la com um instrumento musical. Então foi necessário aprender a escrever música em uma pauta, para que outros possam modificar a melodia, e tocá-la, mesmo que ela esteja em uma forma semelhante à original.

E da mesma forma, o cientista tem de usar a matemática para dar coerência à sua teoria, ou para poder demonstrar que o seu pensamento tem uma base lógica sólida, ou um sentido válido. E se a prova pode ser repetida sem erros, então prova-velmente a filosofia perece naquele momento, enquanto a teoria ganha vida, e se tornará ou fará parte de uma Lei, e então se não tiver objeção, será um princípio. Porque as leis podem de fato ser violadas, mas os princípios são invioláveis. Por exemplo, o princípio do fogo é queimar, mas o fogo não pode violar seu princípio de queimar, e não importa se o que é queimado é uma criança ou uma floresta com sua bela fauna.

Mas cabe a outros cientistas projetar experimentos complexos para verificar a validade das teorias dos cientistas teóricos, e eles são chamados de cientistas práticos. Mas um experimento pode ser muito simples: por exemplo, deixe duas bolas pesadas rolarem sobre uma rampa inclinada, e se você estiver apenas atento ao som, perceberá que ele é mais rápido à medida que a bola avança. Portanto, deduzimos que outro tipo de força está atuando nas esferas, o que faz com que a velocidade das esferas aumente o tempo todo. E chamaremos essa força de força de aceleração da gravidade, porque se a testarmos centenas de vezes, obteremos o mesmo resultado. E diremos que essa força invisível é a que faz com que o efeito seja constante, e é melhor chamá-la de Princípio da Gravidade. Mas este é o teste que Galileu fez.

E Galileu foi também o primeiro a tentar saber a que velocidade se move a luz. Embora o seu pensamento fosse certamente filosófico, e a única coisa que tinha à mão para referir a velocidade com que a luz se move, era o som. De tal forma que Galileu habilmente procurou um instrumento, ou seja, um sistema que lhe permitisse ver a luz, mas ao mesmo tempo ser capaz de ouvir o som. E Galileu tomou o exemplo do canhão. Mas foi Galileu Galilei, o cientista que teve que ir como viga naquela jangada no meio da tempestade, porque Galileu teve que sofrer as agressões da Inquisição impostas pela Igreja Católica, que tentou alertar contra tudo o que interferia em suas crenças. Talvez, por terem hierarquia encabeçada pelo papa, entendessem que qualquer argumento contra a inexistência de Deus poderia enfraquecer seu poder. Mas, aparentemente, a igreja não teve outra escolha senão aceitar aqueles argumentos que não eram objetiváveis, pois a ciência poderia comprová-los, desde que tal teoria os buscasse de alguma forma, os envolvesse ou os agradasse na razão, pois continuariam na busca de evidências, o que daria suporte científico a suas crenças. E talvez tenha sido esse o caso, e o grande erro cometido pelo físico teórico de origem britânica, chamado Peter Higgs.

3

A CIÊNCIA ABRE CAMINHO

Porque um dos erros mais recentes é precisamente o de Peter Higgs; porque ele considerou que a descoberta do bóson que ele teorizou, deveria ser chamada a partícula de Deus, porque seu bóson é suposto ter o valor inteiro zero. Portanto, é sensato pensar que foi o bóson que iniciou a criação do Universo; isto é, que o Universo começou a formar-se no tempo zero com o bóson zero. Mas aqui está o erro de Peter Higgs, porque se ele fosse um ser supremo que criou essa partícula com uma energia muito alta e uma densidade imensa, claro que essa energia criativa não poderia ter sido um bóson, porque se tivesse sido um bóson, a partir desse bóson, teria formado uma única partícula. E seria impossível deduzir, que depois de formar um bóson pode ser dividido, para gerar a partir daí os fermiões. E se tivesse sido assim como supõe Peter Higgs, alguém deveria ter criado essa partícula, mas alguém deveria ser o criador desse alguém.

Mas também é lógico supor que essa energia surgiu do nada, e é por isso que o modelo teórico de Peter Higgs não pode realmente nos explicar como o Universo foi formado. E é uma realidade, que se as partículas surgiram do nada, então essas partículas foram formadas de uma origem, onde não havia nem energia nem massa. De tal forma que as partículas que deram origem ao Universo não poderão ser descobertas por meio de um detector ou captador de sinais. E não é por estarem escondidas atrás de um mistério, mas tecnicamente, é impossível poder detectar fisicamente essas partículas, porque os detectores não podem ser construídos para que "vejam" para nós partículas tão pequenas, pelo simples facto de essas partículas serem invisíveis para qualquer detector que queiram construir para as detectar. E não seriam detectáveis por várias razões lógicas: por exemplo, o desenho do sistema de detecção teria que ter partículas de tamanho menor, ou com uma superfície que seja suficiente para que as partículas descansem e saltem. Mas esse desenho, escapa a qualquer método ou habilidade técnica do experimento.

E outro exemplo para comparar, é que quando vemos o disco da Lua cheia, é porque as ondas eletromagnéticas que saem do Sol na forma de luz, saltam contra a superfície da Lua, e no rebote, os raios que vêm do Sol, são refletidos para nossa visão. E a superfície áspera da Lua faz com que os raios de luz do Sol se desviem, ou saltem separadamente, isto é, com um pequeno desvio no tempo e com uma diferença de intensidade, graças à aspereza da superfície lunar. De tal maneira que, por causa desta deformação e das diferentes intensidades, podemos ver lugares de menor e maior intensidade luminosa, isto é, lugares claros e lugares com sombras.

E é assim, como o olho eletrônico de uma câmera, ou de uma câmera de televisão, pode capturar as diferentes intensidades do rosto de uma pessoa. E para evitar que os raios de luz sejam refletidos com a mesma intensidade, é necessário aplicar uma substância que opaca a superfície brilhante do rosto da pessoa que vai ser mostrada diante da câmera. Isso é o que se chama de maquiagem, pois as áreas de maior intensidade são niveladas com as de menor intensidade. Mas, em suma, a soma dessas diferenças de intensidades é o que faz com que o que finalmente vemos seja o disco da Lua. E a superfície da Lua é um objeto que age como um espelho, ou tem uma superfície, contra a qual os raios das ondas eletromagnéticas que convertem a luz estão saltando.

Mas se entrarmos em dimensões menores, por exemplo a Lua sendo muito pequena, esta superfície da Lua não será suficiente para um maior número de ondas saltar para fora dela. De tal forma que não seremos capazes de ver a superfície da Lua. Neste caso teríamos que colocar um detector, para que este detector possa captar os raios que não podemos ver; e que nos mostre, por exemplo, que a superfície da lua pequena é como um disco. Mas se vemos sombras ao redor dela, como quando ocorre um eclipse lunar, que tem um efeito como a constituição da face da Lua, então podemos dizer que a Lua tem a forma de uma esfera. Mas, obviamente, se a Lua fosse muito pequena, este detector teria que ser feito por uma substância, que por sua vez pode capturar aqueles poucos raios que saltam com baixa energia contra a superfície da lua imperceptível. Mas neste caso, podemos dizer que o bóson de

Higgs era ou é suficientemente grande para que os detectores o "vejam", no momento do rebote, quando esta partícula causou uma perturbação nos detectores. Ou podemos suspeitar que esta partícula detectada não corresponde ao verdadeiro bóson de Higgs. Porque com a pouca energia amplificada, seria que ela poderia ser vista refletida diante de nossos olhos em uma tela, ou em uma placa fotográfica, ou outro meio, que nos fez deduzir, que esta era de fato uma partícula, e que pela sua baixa energia corresponde a classificá-la como o bóson de Higgs.

Entretanto, se as partículas são muito pequenas, ou digamos menores que os fótons de um raio de luz, estes raios não poderão impactar contra essas superfícies. Assim estes raios tão grandes com respeito a algumas partículas muito pequenas, não poderão saltar, porque não encontram um meio ou uma superfície da sustentação para um detetor, não importa como sensível este é. Portanto, não poderemos ver nada, porque a energia é tão tênue que não é suficiente para perturbar a substância fotomultiplicadora do detector. Por outras palavras, estas partículas podem passar através de qualquer detector, e não deixarão vestígios para que vejamos indirectamente a sua existência, e permanecerão invisíveis. É como se você estivesse jogando uma pedra para tentar atingir a superfície de uma ponta de agulha. E esta pedra é tão grande, que nós não teremos nenhuma informação sobre como é o centro da superfície da ponta da agulha.

Ou se formos para essas dimensões muito pequenas, esta é a razão pela qual não fomos capazes de detectar um grande número de neutrinos, mas, apesar de sua abundância, apenas alguns foram capturados por um imenso tanque de água pura que está localizado no subsolo. Por exemplo, nas minas abandonadas do Japão, onde está localizado o laboratório Super Kamiokande. O observatório Super Kamiokande consiste em um imenso lago contendo 50 milhões de litros de água pura e está localizado um quilômetro abaixo da superfície da terra. Este lago está rodeado por cerca de 11.000 tubos fotomultiplicadores, dispostos em uma estrutura cilíndrica, cujas dimensões são de 40 metros de altura por 40 metros de largura. Um múon é uma partícula maciça. De tal forma que raramente um múon interage com a água e produz um sinal bem definido. Enquanto os elétrons interagem com a água pura e produzem como chuvas de partículas adicionais. Portanto, a imagem detectada pelos 11.000 tubos fotomultiplicadores não será um sinal definido, e a imagem que veremos será borrada.

Mas apesar das dimensões muito grandes desse detector, isso será um problema prático, então concluímos que não vamos fabricar detectores para ver o sinal de almatrinos, porque essas partículas são menores que um neutrino. E se não fomos capazes de construir detectores para capturar neutrinos, então pela natureza do fenômeno, não seremos capazes de construir detectores para almatrinos. Porque os almatrinos, embora sejam os mais abundantes no Universo, são as menores partículas que existem, e por isso mesmo, que estas são as partículas que se formaram inicialmente, e que quando se uniram deram origem ao Universo. Formam, por exemplo, 74% da energia indetectável do Universo. Mas, além disso, juntaram-se para formar uma quantidade de matéria que também não pode ser detectada, embora essa quantidade seja tão grande como 22% do Universo. E para comparar, só podemos ver 4% dessa matéria na forma de galáxias, estrelas e planetas.

Mas voltando aos erros dos cientistas, ao próprio movimento de uma partícula, devemos isso ao físico alemão Ralph Kronig, que foi o primeiro a descobrir que as partículas têm movimentos rotacionais, também chamados de spin. Mas antes de expor isso em uma conferência, Ralph Kronig recebeu uma carta de Wolfgang Pauli, para explicar a Kronig a necessidade de atribuir a cada elétron de um átomo, os quatro números quânticos. Esta foi uma das descobertas mais importantes da física, cuja descoberta devemos ao físico teórico de origem alemã, Max Karl Ernst Ludwig Planck, porque foi Planck quem descobriu que a energia dos elétrons é quantificada. Em outras palavras, apenas valores inteiros podem ser atribuídos a essa energia, o que mudou totalmente o conceito de energia e a estrutura dos átomos da ciência. E a energia quantificada poderia explicar fatos transcendentais como a ordenação ou localização dos átomos em uma tabela periódica, e com isso podemos deduzir o comportamento e a combinação dos átomos nas moléculas para formar a matéria. Mas também que essa quantificação da energia dos elétrons foi o que marcou o desenvolvimento da física quântica, o que representou outro grande avanço na ciência, que se abriu por um caminho que Max Planck nos apontou.

De tal forma que Kronig teria a idéia de que um elétron, ao mesmo tempo que se move em torno do núcleo em sua órbita quântica, pode fazê-lo girando em torno de si mesmo, assim como a Terra faz em torno do Sol com seu movimento de translação, e ao mesmo tempo girando em forma de spin. E é por isso que temos dias e noites, cuja duração é de aproximadamente 24 horas no equador. Embora nos pólos um dia, como uma noite possa durar seis meses, dependendo do ângulo de inclinação da Terra. Mas talvez por estar dentro da influência magnética entre Mercúrio e a Terra e da grande força magnética do imenso planeta Sol, Vênus esteja girando para trás. Mas as formas de vórtices das galáxias nos dizem que elas estão girando no sentido anti-horário, a menos que as fotos estejam sendo vistas por trás. Mas Urano tem seu equador girado 90 graus em relação aos pólos da Terra.

Mas Ralph Kronig elaboraria seu modelo matemático, a fim de poder explicar o movimento do giro de uma partícula em si. No entanto, que essa idéia de Kronig era algo que daria uma grande risada a Wolfgang Pauli, já que Pauli fez saber a Kronig, que essa noção de rotação de um elétron sobre si mesmo, era sem dúvida uma idéia ridícula, razão pela qual na carta diz Wolfgang Pauli a Kronig, e talvez de forma eufônica ou burlesca: "sem dúvida que me parece uma idéia muito inteligente". Porque Pauli também considerou erroneamente que com este modelo matemático da rotação de um elétron sobre si mesmo, assumiu que as partículas viajavam a uma velocidade superior à da luz, o que violava a lei da relatividade de Albert Einstein. E isso, segundo Wolfgang Pauli, foi erro de Kronig. E talvez por considerar a grande reputação de Wolfgang Pauli e Albert Einstein, Kronig ficou desencorajado e cometeu o grande erro de sua vida quando decidiu retirá-la. Então Kronig não queria publicar suas idéias. Mas este foi, sem dúvida, um grande erro de Ralph Kronig, porque ele estava certo, pois uma partícula pode, de fato, mover-se mais rápido do que a luz.

Mas embora tenha sido também erro de Wolfgang Pauli referir-se a ela como uma atrocidade de Kronig, Pauli retificou, pensando logicamente, que Ralph Kronig estava certo. Porque Pauli deduziu que o movimento do elétron também deveria ter valores quânticos, o que o levaria a deduzir uma idéia; que pela sua natureza lógica, tornou-se um Princípio. Um princípio que é mais baseado num fato fundamentado, mas não num modelo matemático para descrevê-lo. Porque é a Pauli que devemos a dedução da partícula que identificamos como neutrino, mas essa descoberta não foi algo teorizado matematicamente ou por meio de um modelo teórico, mas a soma do equilíbrio energético não coincidiu.

E foi em 1930 que Wolfgang Pauli, talvez desconcertado por não ter encontrado a solução para o fenômeno, propôs que deveria haver uma partícula para poder compensar no balanço a energia que faltava, para que a partícula não pudesse ter carga ou massa, já que o que faltava era apenas energia. E Pauli chamou essa partícula imaginária de nêutron. Mas essa idéia de uma partícula sem carga ou massa também não poderia caber na lógica de Pauli, pois era difícil imaginar tal partícula com tais características naqueles tempos. Até que o físico chinês Wang Ganchang, propõe a idéia de poder detectar essa partícula proposta por Pauli. E em 1956 os físicos práticos Clyde Cowan e Frederick Reines, conseguiram elaborar um experimento para descobrir essa partícula. Entretanto, devido ao fato de já existir uma partícula chamada nêutron, o físico Enrico Fermi, talvez influenciado por sua nacionalidade italiana, propõe a Wolfgang Pauli que ele chame essa partícula de neutrino, que significa nêutron pequeno.

Mas voltando ao caso da quantificação do elétron em órbita, Pauli aceitou definitivamente a idéia de Kronig e deduz que tem que haver regras lógicas que descrevam o movimento de um elétron girando em si mesmo. E estabelece-se uma série de restrições imaginativas, que agora se chamam, como se dizia, princípios. E neste caso esse princípio é conhecido como

Princípio de Exclusão de Pauli, que por erro de Kronig, ou porque não investiga mais a natureza do fenômeno, não se chama Princípio de Kronig.

Mas a verdade é que alguém deduziu que a teoria de Kronig era matematicamente válida, ou que não violava a lei da relatividade de Albert Einstein, desde que o valor do número quântico fosse dividido por 2. Ou seja, 0/2, 1/2, 2/2, 3/2, 4/2, 5/2.... E assim, o conceito de energia quantificada não foi violado, pois os valores 0, 1 e 2 são inteiros, enquanto os outros são frações (+1/2, -1/2, +3/2,-3/2, +5/2,-5/2...). Assim, 0/2=0 corresponde ao valor quântico zero. Enquanto 1/2 é um valor fracionado que pode ser positivo (+1/2) ou negativo (-1/2), pois a rotação de uma das partículas, como o exemplo do planeta Vênus, é influenciada pela rotação da outra. E obviamente para um electrão podemos considerar apenas quatro valores associados possíveis, que são os quatro valores quânticos que mencionou na sua carta, Wolfgang Pauli a Ralph Kronig.

Mas é por causa dessa qualidade da rotação de uma partícula sobre si mesma que a luz existe, porque os fótons que formam a luz são bósons, de modo que a luz pode se formar e viajar; ou saltar objetos como raios separados, ou na forma de feixes de fótons sem se fundirem uns com os outros. É por isso que podemos ver objetos, e pela mesma razão, há toda a matéria no Universo, porque os fermiões, quando giram, criam campos de força que fazem com que algumas partículas se sintam atraídas por outras. Digamos que é por isso que há espíritos, árvores, insetos, água, planetas, ar, atmosferas, estrelas, galáxias, e assim por diante.

Significa que se imaginarmos partículas muito pequenas como o neutrino e o almatrino, esse fenômeno de uma partícula girando sobre si mesmo terá uma importância enorme, ou que esse movimento será transcendental para a formação de outros tipos de energia, e no comportamento da energia que está sendo transformada em matéria, e de tudo o que está sendo formado no Universo. Ou que a energia pode viajar sob a forma de ondas eletromagnéticas polarizadas, ou seja, que um campo elétrico e um campo magnético se formam na mesma onda, porque os campos elétricos e magnéticos se movem a um ângulo de 90 graus entre eles. Ou seja, sem se integrar como uma única onda. E assim a onda eletromagnética não pode passar por obstáculos, num fenômeno eletromagnético conhecido como "gaiola de faraday".

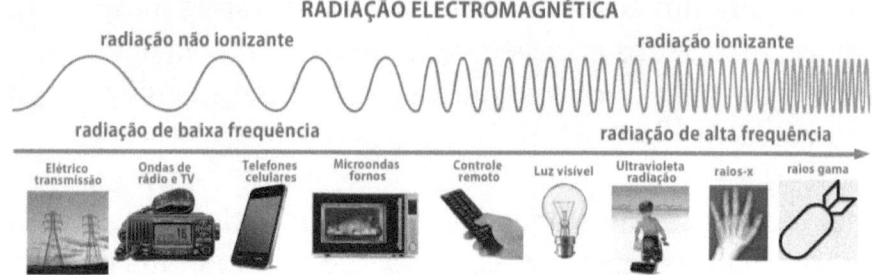

FIGURA 1
O ESPECTRO ELECTROMAGNÉTICO COM A SUA VASTA GAMA DE ENERGIA E A SUA INFLUÊNCIA NO COMPORTAMENTO DA MATÉRIA E NA EXISTÊNCIA DA VIDA

E esta é uma condição fundamental para a formação da luz. Porque a luz visível é uma onda eletromagnética que não penetra nos objetos, mas salta contra eles, o que é essencial para o efeito da visão dos olhos, ou seja, para poder ver objetos, quando os raios de luz saltam e podemos recolher esses raios através da retina. Ou, como foi dito, que as câmaras de televisão e as que captam uma fotografia se baseiam no mesmo princípio. Ou, digamos, que essa energia eletromagnética influencia de forma importante para a vida, e especialmente para a vida cotidiana dos seres humanos, como mostra apenas alguns casos na Figura 1.

Daqui, Wolfgang Pauli deduz que os valores inteiros dão propriedades físicas diferentes às partículas com números quânticos diferentes; e para diferenciá-los uns dos outros, um é chamado de fermião e os outros bósons. E ao valor zero dos bósons corresponde a partícula de Peter Higgs. E assim esta partícula tornou-se uma das mais procuradas, já que isso implicaria que esta era a partícula da qual Deus formou o Universo. Portanto, essa partícula mereceria a honra de ser a partícula de Deus, pois seria com ela que Deus iniciaria a formação do Universo. E Higgs concluiu que foi a partir dessa partícula que o Universo começou a se formar.

Mas aqui está o outro erro de Peter Higgs, porque o que ele nunca imaginou, é que há partículas menores que o bóson do spin zero. E que o spin é apenas uma forma de rotação de uma partícula sobre si mesmo, e essas partículas podem ser tão pequenas quanto um almatrino, ou tão grandes quanto a Terra ao redor do Sol, ou o próprio Sol girando junto com a Via Láctea; e essa galáxia está girando da esquerda para a direita ao redor de um aglomerado de sóis. Mas a forma dos vórtices das galáxias indica que a rotação das galáxias é da esquerda para a direita, ou como o faz a Terra, como muitos afirmam que é da direita para a esquerda. Mas, seja de uma forma ou de outra, isso não influencia a idéia que queremos explicar, pois se duas galáxias se separam, uma virará para a esquerda e a outra para a direita, como conseqüência natural da influência do campo eletromagnético.

4

O MOMENTO ANTERIOR À FORMAÇÃO DO UNIVERSO

Assim, Wolfgang Pauli deduziu, sem ter um modelo matemático, que um electrão com um valor quântico de 1/2 pode rodar indistintamente da esquerda para a direita ou da direita para a esquerda como a Terra faz. No entanto, quando há dois electrões ao mesmo nível quântico, a influência do primeiro pode afectar o segundo, porque a rotação do electrão criou um campo electromagnético, o que faz com que este segundo electrão rode no sentido oposto ao do primeiro. Ou seja, da esquerda para a direita ou da direita para a esquerda, para o que a rotação pode assumir valores (-1/2) ou (+1/2). Porque os valores mais e menos são atribuídos relativamente. Enquanto que um bóson não pode em si mesmo criar um campo electromagnético, porque os bósons não têm um sentido específico na rotação. Assim, o primeiro bóson não pode afetar um segundo bóson que está na mesma órbita. E estas partículas que têm valores fracionários de seus valores quânticos são chamadas de fermiões em honra de Enrico Fermi. Assim, Wolfgang Pauli deduziu, sem ter um modelo matemático, que um electrão com um valor quântico de 1/2 pode rodar indistintamente da esquerda para a direita ou da direita para a esquerda como a Terra faz. No entanto, quando há dois electrões ao mesmo nível quântico, a influência do primeiro pode afectar o segundo, porque a rotação do electrão criou um campo electromagnético, o que faz com que este segundo electrão rode no sentido oposto ao do primeiro. Ou seja, da esquerda para a direita ou da direita para a esquerda, para o que a rotação pode assumir valores (-1/2) ou (+1/2). Porque os valores mais e menos são atribuídos relativamente. Enquanto que um bóson não pode em si mesmo criar um campo electromagnético, porque os bósons não têm um sentido específico na rotação. Assim, o primeiro bóson não pode afetar um segundo bóson que está na mesma órbita. E estas partículas que têm valores fracionários de seus valores quânticos são chamadas de fermiões em honra de Enrico Fermi.

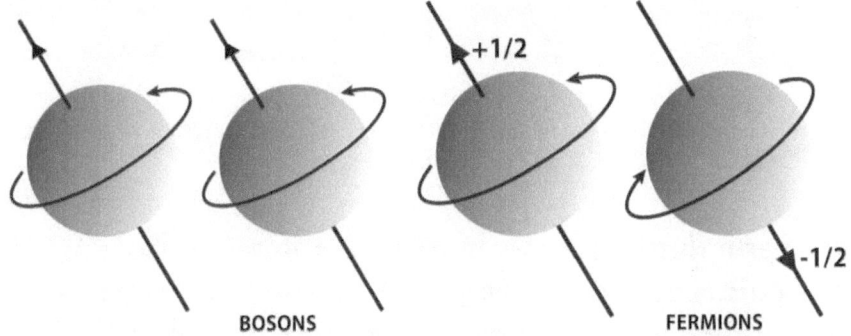

FIGURA 2
OS BÓSONS PODEM RODAR COM VALORES QUÂNTICOS INTEIROS, ENQUANTO OS FERMIONS TÊM UM NÚMERO QUÂNTICO FRACIONÁRIO, E A ROTAÇÃO DE UM DELES INFLUENCIA A DIREÇÃO DE ROTAÇÃO DO OUTRO

Mas Pauli continua a deduzir que se dois elétrons ocupassem a mesma órbita com o mesmo número quântico, sua forma de rotação não poderia estar na mesma direção. Portanto, esse seria um movimento impossível, pois uma partícula em

movimento gera, como já foi dito, um campo eletromagnético, que terá influência sobre a outra partícula, como visto na
Figura 3.

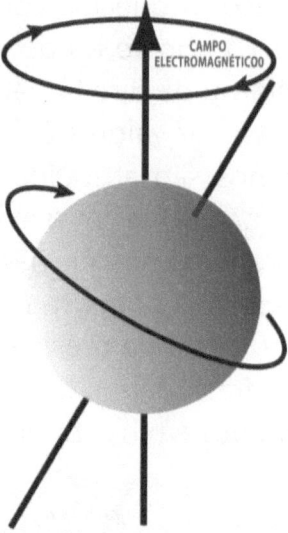

FIGURA 3
FERMIÕES EM MOVIMENTO GERAM ONDAS
ELETROMAGNÉTICO

E é a partir desse movimento rotativo que são geradas as cargas elétricas dos dois pólos: o pólo positivo e o pólo negativo.
De tal forma que o Princípio de Exclusão de Pauli, estabelece
de forma lógica, que dois fermiões que giram na mesma direção, não podem estar ocupando a mesma órbita, ou que têm
o mesmo número quântico, porque de forma lógica essas
duas partículas se condensariam e se tornariam um bóson.
Mas em todo caso, ainda que hipoteticamente, esse tipo de
movimento no mesmo sentido de rotação de dois elétrons na
mesma órbita seria um fato impossível. Ou como o exemplo
citado, de Vênus girando no sentido oposto entre as órbitas
de Mercúrio e da Terra.

O termo bóson foi sugerido pelo físico inglês Paul Adrien Maurice Dirac, quando na Universidade de Dhaka na Índia, comemorou o aniversário da contribuição do Professor de Física da Universidade de Calcutá e Dhaka Satyendra Nath Bose. Bose nasceu numa família bengali de classe média a 1 de Janeiro de 1894. E em tenra idade, Bose já mostrava sinais do seu génio. Mas uma anedota interessante é que este jovem estudante foi dado em suas notas de matemática um valor de 110 da máxima de 100. E os dez pontos extras foram dados a ele, porque Bose não só respondeu corretamente às perguntas, mas ele respondeu a outras questões de mais de uma maneira. E em honra de Bose, foi o lendário físico Paul Dirac quem propôs a palavra bóson para essa partícula que Bose descobriu com suas estatísticas, que mais tarde foi chamada de teoria de Bose-Einstein.

Como duas partículas inteiras, elas não geram cargas elétricas, portanto podem estar ocupando a mesma órbita. Mas se fundiriam formando outra partícula com maior energia, ou seja: 1+1=2 que corresponderia a um bóson de valor inteiro 2. Os valores +1, -1, +2 e 2 embora possam ser considerados matematicamente, na verdade de uma forma física que a sua direcção de rotação não teria muita importância, o que é diferente da partícula que roda na mesma órbita com valores -1/2 e -1/2 que dá 1, ou que +1/2 mais +1/2 é igualmente 1, que será um bóson porque corresponde a um valor inteiro.

Por exemplo, os fótons que formam a luz são bósons, também chamados partículas de força, porque condensam ou integram a energia, como por exemplo os glúons, onde aparentemente surge um terceiro pólo elétrico. Outro exemplo é a força da gravidade, embora para explicar isto se proponha o gravitão. Ou qualquer núcleo que tenha como valor do spin um número inteiro, e obviamente que os bósons não cumprem o princípio de exclusão de Pauli. E a outra partícula que também tem spin zero, à parte o bóson de Higgs, é chamada de pioneira. E a importância na vida, quer se chame vida física ou espiritual, é que os elétrons, nêutrons e prótons são fermiões, enquanto os fótons que formam um feixe de luz são bósons, como foi dito, e os bósons constituem as forças que os integram. E nos núcleos estão os glúons, isto é, que os bósons impedem que a matéria e a luz se desintegrem.

E, dependendo da intensidade dessas forças, os elétrons permanecem girando em torno dos núcleos que formam a matéria, ou seja, por exemplo, todas as formas de vida. De tal forma que essa propriedade de partículas fermiões e bósons, necessariamente determina nossa forma de vida e na própria vida do Universo, pois o resultado dessa interação é o que forma um espectro de um feixe de fótons a determinada temperatura de equilíbrio, que possui um espectro de Planck. E um exemplo disso é a radiação de fundo das microondas cósmicas, que são os vestígios ou testemunhos que nos permitem voltar atrás no tempo, ter uma ideia de como o Universo poderia ter sido no início, ou mesmo antes de o Universo se ter formado.

É por este princípio natural que dizemos que as partículas que criaram o Universo não podem ser bósons mas sim fermiões, porque quando as partículas rodam criam um campo electromagnético, como mostra a Figura 3. Assim, se as partículas que se formaram no início fossem bósons, a matéria não se teria formado, porque não haveria cargas eletromagnéticas, também conhecidas como cargas elétricas, que são as forças que mantêm o movimento. Por exemplo, qualquer dispositivo eletrônico, um automóvel ou as imensas turbinas de uma usina hidrelétrica, só funcionam quando uma carga eletrônica flui através de seu circuito do pólo negativo para o pólo positivo. Ou, como foi dito, se não fossem os fermiões, os espíritos não existiriam. E no Universo existiria uma única inteligência, que Peter Higgs chamaria de Deus. Mas a verdade é que há matéria e infinitos de seres que se movem como espíritos ou energias inteligentes: chamam-se gansos, cães, gatos, peixes, aranhas, cobras, vírus, micróbios, espermatozóides, plantas e assim por diante. Mas há também a Terra, de modo que o Universo foi formado a partir de fermiões, mas não só a partir de bósons.

E algumas inteligências tornaram-se conscientes de si mesmas, como os seres humanos. Enquanto outras estão aprendendo a ser, como no caso dos macacos, guaxinins, texugos, cães de ovelha, porcos, corvos, elefantes, gatos, golfinhos e toupeiras inteligentes. Todos eles mostram um grau de domínio energético; e a capacidade de recordar, que é básica, porque a memória é necessária para o processo evolutivo. De tal maneira que os almatrinos são realmente fermiões, porque se formaram muitas formas de espíritos independentes; e concluímos que os almatrinos não podem ser bósons. E podemos dizer que sem os bósons não haveria luz; e sem os fermiões não haveria matéria, e sem ambas as partículas não haveria Universo.

Mas o erro de Peter Higgs, ao qual nos referimos, é que ele não considerou a relação dos números virtuais, porque efetivamente o problema não deixará de existir só porque não pode ser representado por uma função ou fórmula matemática. Porque a matemática, como foi dito, é apenas uma ferramenta que a ciência utiliza para captar uma explicação; e a solução de um fenômeno é de fato real ou realmente real, e não há outra alternativa.

Então o erro de Peter Higgs foi considerar 0*2=0. Mas segundo Higgs nada menos que 0 pode existir, pelo que, a partir daí ou de zero, a criação do Universo deveria ter acontecido. Mas também, que alguém teve que intervir para iniciar esta criação. Mas de acordo com o que consideramos no Livro "O Universo antes do Tempo Zero"; 0*2=0 podemos também escrevê-lo como 0/0=2. Mas igualmente a 0/0=1 ou 0/0=1 ou 0/0=1/2, e isto, claro, não faria qualquer sentido do ponto de vista puramente matemático, porque seria equivalente a dizer, que 2=1 ou que 2=1/2 ou ½=1. Ou qualquer divisão feita por zero daria valores diferentes.

Mas o jovem matemático venezuelano Ramsés Cornieles abordou este problema de divisão por zero, como mencionamos, e resolveu esta incongruência de divisão por zero. E Ramsés representou, por exemplo, o valor dentro de um círculo, para indicar que este valor está incluído dentro de um zero. De tal forma, que agora podemos escrever o valor fracionado de Peter Higgs como 0/2=Ⓞ . Mas este valor não pode ser zero, porque está contido dentro de outro zero.

E agora não poderemos dizer que o Universo começou a se formar a partir do ponto zero, mas muito antes do zero, porque podemos incluir o valor dentro de outro zero Ⓞ ; e assim por diante de forma especular ou virtual. Ou seja, podemos escrever Ⓞ/2=◎ . Um valor zero incluído dentro de outro valor zero, até nos colocarmos de forma mais lógica no intervalo do infinito menos ao infinito mais infinito (-∞, +∞). E no menos infinito nada existiu e ninguém do nada poderia formar o Universo, porque lá nada e ninguém poderia existir.

Mas talvez, ou melhor, que esta análise virtual nos conduza, no início, ao que Paul Dirac teorizou como partícula elementar de um pólo único, isto é, um monopolo magnético. Ou uma partícula com "carga magnética" em um campo magnético. Porque o que sempre conhecemos é a carga elétrica de um campo elétrico. Como, por exemplo, os pólos de uma bateria que dá vida funcional a um circuito eletrônico, como dizer rádio ou TV, porque a corrente ou a bateria tem dois pólos.

Mas também sabemos que qualquer íman tem dois pólos magnéticos que chamamos de norte e sul. Mas se cortarmos um ímã em duas partes, cada parte ainda terá seus dois pólos, norte e sul. Ou a mesma coisa acontece com a quiralidade, porque se você conseguir traçar uma linha através do mero centro do seu rosto, você sempre terá o lado esquerdo de um lado, e o lado direito do outro. Mas tem que haver uma linha que não tenha quiralidade, e que seria o mero centro do seu rosto, e nessa linha teoricamente não há mais quiralidade. Portanto, ou similarmente aos pólos dos ímãs, à medida que cortamos o ímã mais e mais fisicamente, tem que haver um "ímã" que tenha apenas um pólo, ou seja, norte ou sul, mas não os dois pólos. E essa substância hipotética será uma partícula que terá um único pólo magnético, e Paul Dirac a chamou de monopolo. É por isso que há apenas uma corrente de elétrons em um fio de cobre, quando há o movimento de aproximar ou afastar o fio de um ímã. Mas o mesmo acontece se aproximarmos o ímã do fio de cobre, ou quando atritamos um pano de seda.

Apesar das cargas elétricas, elas se movem melhor na superfície dos metais nobres, ou aqueles que possuem mais forças bossônicas fixas que as integram. É por isso que os melhores condutores metálicos são o ouro e a prata, e os elétrons fluem da terra. Portanto, um grande número deles pode se acumular em roupas de ouro ou prata. E se as pessoas os usarem em seus pescoços como ornamentos, eles se tornarão condutores de cargas elétricas, então é muito provável que, quando uma nuvem positivamente carregada passar por cima deles, uma corrente seja produzida da terra para a nuvem, e a corrente flua através do corpo da pessoa, porque a pessoa com sua borda dourada faz uma ponte entre os elétrons, e esta pessoa pode morrer eletrocutada, pois por um instante demasiadas cargas elétricas passaram pelos condutores de seu corpo. Principalmente as células do coração que geram eletricidade com este movimento e são as que mantêm o pulso do coração ativo. Uma vaca molhada também pode morrer eletrocutada, pois estava embebida nos cascos que eram o isolante, e a água conduz a eletricidade, mesmo que a vaca não use um colar de ouro. Portanto, também não é bom colocar um sino de metal no pescoço da vaca, pois isso aumentará o risco de a vaca morrer eletrocutada quando a corrente de elétrons flui da terra para a nuvem, usando o corpo da vaca como condutor.

E essas partículas com um único pólo magnético existem, porque não duvidamos que sejam as almatrinos, que formaram as ondas eletromagnéticas que se espalharam pelo Universo, e produzem luz, e uma série de fenômenos relacionados com toda a existência. Porque só era necessário um almatrino, que começou a girar em forma de espiral ou mais rápido e mais rápido. E com este movimento espiralado, o almatrino acelerou a partir de zero, até ser disparado com uma enorme força tangencial. E assim foi criado o movimento inicial, como mostra a Figura 4. E imaginamos essa visão de cima, porque é mais claro poder desenhar uma hélice e ver seu efeito tangencial-mente. Mas esse é um fenômeno observado nos aceleradores de partículas, onde a força de rotação aumenta com o raio do equipamento. É por isso que o acelerador de partículas do CERN tem uma circunferência de 27 quilômetros, e os chine-ses estão construindo um acelerador, cuja circunferência terá um comprimento de 100 quilômetros. E este acelerador pode ser completado até 2030. Mas, infelizmente, embora este ace-lerador seja muito grande, não haverá detectores para captar o sinal que poderia vir até nós dos almatrinos.

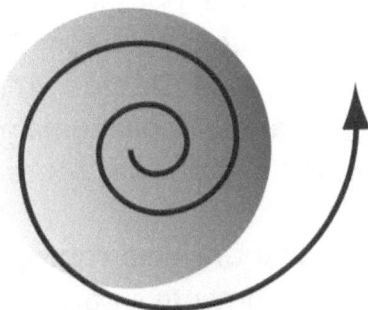

FIGURA 4
MONOPOLO MAGNÉTICO DE UMA ALMATRINA VISTO DE CIMA

Mas digamos que a existência de monopólios magnéticos foi formulada por Paul Dirac em 1931, que não aceitou a aparente irregularidade mostrada pelas equações de Maxwell. No en-tanto, ao introduzir nessas equações a existência de monopó-lios magnéticos, essas equações mostrariam uma simetria na interação entre o campo elétrico e o campo magnético, que seria o que originaria o campo eletromagnético.

Um monopolo magnético é uma partícula que tem apenas um pólo magnético, ou seja, norte ou sul, mas não norte e sul. E teoricamente, é claro, pode haver uma partícula com um mo-nopolo magnético, porque a existência dessa partícula seria a base para explicar como o Universo se originou de uma única partícula.

E em 29 de janeiro de 2014, o professor David S. Hall da Amherst College Physics e o pesquisador da Academia Mikko Möttönen da Universidade de Aalto na Grande Helsinque, Finlândia, relataram que conseguiram criar, identificar e fotografar monopólios magnéticos no laboratório. E isto, obviamente, daria um apoio inestimável à nossa teoria de como o Universo foi formado a partir do nada, porque só precisava de formar um almatrino com um único pólo magnético antes do tempo zero, como mostra a Figura 4. De tal forma que se torna essencial escrever, formular ou ampliar uma nova forma de teoria que reduza ou elimine as dúvidas sobre o Big Bang.

E podemos deduzir que o Universo começou a se formar gradualmente ou progressivamente a partir do tempo zero, mas que isso não foi um surgimento repentino, mas que o Universo foi gesticulando gradualmente. Onde começaria primeiro como um embrião, que se forma a partir de um espermatozóide com um óvulo dentro do ventre, mas ocupando um espaço mínimo. Assim, da mesma forma, começaram a formar-se almatrinos sem massa, porque essa massa em repouso de um almatrino m_0, agora não podemos dizer que é zero, mas podemos incluí-la dentro de um círculo. Cujo significado matemático é que essa massa não é zero, porque está incluída no valor zero $(<m_0>)=m_0$. E esta é uma progressão gradual, que cumpre com um princípio natural, no qual se estabelece que na Natureza não há mudanças ou saltos bruscos, mas sim uma continuidade e contiguidade de eventos.

E com o conceito de almatrinos, números virtuais e monopolo magnético de Paul Dirac, a partir de agora, já podemos imaginar como era o espaço mínimo antes de o Universo começar a se formar; ou o que existia ali antes do tempo zero. Mas tudo indica que o Universo não surgiu de forma agitada de um ponto muito quente ou de alta densidade, pelo que é necessário aplicar a definição deste modelo a um novo Big Bang, sempre em honra de Edwin Hubble, Georges Lemaitre e Paul Dirac.

E quanto ao erro de Albert Einstein, isso aconteceu porque ele viu tudo de uma forma relativa ao fenômeno da luz. É até a Albert Einstein que devemos a explicação do fenômeno fotoelétrico, cujo princípio é usado na amplificação da corrente eletrônica, nos mais de 11 mil tubos fotomultiplicadores que estão ao redor do lago de água do observatório do Super Kamiokande. Mas talvez o maior erro de Albert Einstein tenha sido assumir que nada poderia viajar mais rápido que a luz, ainda que a prova experimental mostrada na Figura 5 indique que a luz realmente assume valores infinitos, assim como a energia. E esta grande velocidade dos almatrinos em forma tangencial é o que forma e formará toda a energia e massa que existe e que pode existir em todo o Universo.

5

O ESPAÇO NO MENOS INFINITO

Mas a realidade mostrada pelos experimentos é que uma partícula em movimento ganha uma quantidade adicional de massa m da massa em repouso m_0. Então Albert Einstein cometeu um erro importante, porque ele só se baseou em uma função matemática para afirmar que se uma partícula se move mais rápido do que a luz, então a massa que a partícula adquire seria imaginária. Porque a matemática indicou a Albert Einstein, que se o valor dentro da raiz quadrada for negativo, ao extrair a raiz quadrada, a quantidade seria imaginária. Mas o raciocínio nos diz que nenhum movimento pode ser imaginário. Então Albert Einstein apenas deduziu que matematicamente, a massa m que a partícula ganha da sua massa em repouso m_0 é dada pela equação:

$$m = m_0 / \sqrt{1 - \text{U}^2 / C^2}$$

De tal forma que matematicamente, U não pode ser maior que C. Por outro lado, Albert Einstein também assegura que a Energia não pode ser imaginária, e o fenômeno real nos diz que a massa é formada pela energia, de modo que algo que é derivado de algo real também não pode ser imaginário. Só que Albert Einstein não encontraria uma forma de resolver o valor negativo desta equação, e considerou a partir desta função que nada poderia mover-se mais rápido que a luz. E ele focou apenas em ver o problema de um modo matemático, mas não em analisar o fenômeno de um modo lógico. Mas isso afetou, como vimos, a idéia de Ralph Kronig, que cometeu seu erro ao considerar apenas o grande prestígio de Albert Einstein e Wolfgang Pauli, mas não o fenômeno em si.

Mas também utilizando as ferramentas matemáticas que levaram Ramsés Cornieles a resolver o problema da divisão por zero, utilizamos o valor imaginário "i". E antes que Ramsés o propusesse, já tínhamos resolvido o problema do valor imaginário da raiz quadrada, e o adaptamos a uma condição mais ajustada ao fenômeno real; razão pela qual chegamos à equação que vimos anteriormente:

$$U = m_0 * C^3 / E$$

Sendo m_0, a massa da partícula no momento de estar sem movimento. E aqui se introduz a velocidade com que a partícula se move, ou seja, U, quando a partícula está em movimento, enquanto que C é uma constante, que na verdade representa a velocidade com que os bósons que adquiriram a massa se movem, ou seja, um feixe concentrado de fótons em forma de luz visível. Mas o valor C, neste caso seria uma constante, portanto é independente de U. E U depende apenas da energia da partícula E e da sua massa em repouso m_0. E a luz só se manifesta quando as ondas eletromagnéticas que foram formadas interagem com as substâncias gasosas da atmosfera dos planetas, porque estas ondas na forma de luz não são nada além das ondas derivadas das ondas eletromagnéticas que foram formadas previamente. E a luz foi formada, a partir da energia em forma luminosa que é liberada, quando os elétrons da matéria retornam ao seu nível quântico fundamental, uma vez que foram promovidos a níveis superiores pelas radiações eletromagnéticas.

E como se pode ver na Figura 4, essa alta velocidade é independente da velocidade da luz, e ocorreu quando uma única partícula foi disparada com uma velocidade tangencial. E foi a partir dessa velocidade que a massa m começou a ser criada, e depois uma após a outra, até que as partículas interagiram, e foi gerada uma condição física e eletromagnética que continuou a criar massa e energia, até chegarmos ao ponto zero do Universo. Mas tudo isso era independente da luz, porque os planetas ainda não existiam para que as ondas eletromagnéticas interagissem com as atmosferas e a luz pudesse se manifestar. Claro que, nessa altura, também não existíamos. De tal forma que o Universo teve que passar necessariamente primeiro por um período de escuridão absoluta, até que os corpos maiores e mais sólidos se formaram a partir da energia que se transformou em matéria.

Mas esta equação $U = m_0 C^3 / E$ ou $E = m_0 C^3 / U$ explica-nos de uma forma mais lógica, como o Universo foi formado, porque a massa surgiu de um movimento muito pequeno, e isto gerou uma energia igualmente muito pequena. Ou menor que zero, de acordo com a dedução de números virtuais. E com este novo conceito, já não poderemos dizer que os valores eram zero, porque se dissermos, por exemplo, que a massa é zero e não inferior a zero, isso faria desaparecer matematicamente um fenómeno físico real. E a equação que formou o Universo, agora podemos escrevê-la como:

$$E = m_0 \Psi / U$$

Onde Ψ é a nova constante que substitui a outra constante C^3. E a equação que explica como o Universo foi formado, podemos escrevê-la de uma forma mais lógica como se segue:

$$<(E)> = <(m_0)> * <(\Psi)> / <(U)>$$

E com essa forma, não podemos mais dizer que no tempo zero a massa era zero, mas que essa massa não existia, porque começou a gestar do nada. E talvez como foi dito, tudo partiu de um monopolo magnético, porque só era necessário que uma só partícula com uma energia mínima, entrasse num movimento acelerado. Mas esse movimento acelerado não para mais, porque gera a própria energia necessária para continuar seu movimento, que ao mesmo tempo conseguiu gerar outras partículas. Mas uma massa tão pequena só é possível porque podemos incluí-la dentro de um zero. Dessa forma, que um fenômeno que é real, não podemos mais fazê-lo desaparecer matematicamente.

Mas se uma partícula viaja ou não a uma velocidade superior à da luz já não é um fenómeno puramente matemático, mas depende das dimensões das partículas que estamos a considerar, bem como da distância que têm de percorrer; ou pelo menos que utilizemos duas variáveis para podermos comparar os nossos sentidos auditivos e visuais. Por exemplo, Galileu Galilei referia-se a grandes corpos, ou ao peso das esferas. Então Isaac Newton considerou estes movimentos e os representou de forma escrita através de suas fórmulas matemáticas. Mas com essas fórmulas, ele deduziu, por exemplo, a lei da atração gravitacional universal, que foi exatamente o que Galileu escutou de forma auditiva, quando rolou as esferas ao longo de uma rampa inclinada. E para descobrir como se origina a força da gravidade, procura-se outro bóson com o nome de gravitão.

Mas então Albert Einstein foi mais longe, e estudou o fenômeno da luz, porque era o que era visível e tangível para ele. E é por isso que Albert Einstein, referindo-se a Newton, diz a ele: "Perdoe-me Newton, mas o que você deduz, não se cumpre para os fótons que formam as partículas de luz". Então Stephen Hawking se levantou e se referiu às partículas elementares, e disse: "Perdoe-me Einstein, mas o que você explica para a luz, não se cumpre para as partículas elementares".

Mas outro erro do Hawking é que ele não podia imaginar, que há partículas menores que os elementais e que tivemos que chamá-los de outra forma, ou seja, almatrinos. E essas partículas se moviam com uma velocidade tão alta que, a princípio, tendia a ter valor infinito. Então podemos dizer que esta é a velocidade absoluta de uma partícula elementar. E que além de criar o Universo, os almatrinos formaram e continuarão a formar toda a massa e energia do Universo. Ou ainda a própria luz, porque ao entrar em movimento, estas partículas criaram o que James Clerk Maxwell definiu como radiações eletromagnéticas. Mas Paul Adrien Maurice Dirac considerou que era um erro de Maxwell, porque ele não incluiu em suas equações o monopolo magnético.

Mas isso não foi nem um fato filosófico nem matemático, porque a formação da massa é um fato real, porque é o que existe e foi o que foi demonstrado experimentalmente em 1914. Só que este fenômeno foi esquecido, porque foi Albert Einstein quem o enterrou junto com seu erro, que nada poderia mover-se mais rápido que a luz. Mas com as novas técnicas, só por extrapolação matemática se poderia demonstrar que as partículas criam massa, mas que a relação V/C também vai para o infinito, como se vê na Figura 5; e foi isso que criou a massa do Universo.

E dizemos por extrapolação da representação matemática, pois antes do valor V/C=0,5 da Figura 5, a função é uma reta com uma inclinação baixa, o que significa que V=0,5C ou que V=C/2. E isto, o que significa, é que uma partícula que se move a uma velocidade de 150 quilômetros por segundo, começa a criar massa, mas esta massa é muito pequena. Então, quando a velocidade atinge o valor de 0,8, a relação m/m_e faz $m=m_e*\infty$. Ou que a massa ganha pela partícula rapidamente se torna grande em relação às dimensões de um espaço elementar. E assim se criou a massa do Universo, de um ponto frio e partículas que começaram a mover-se mais rápido que a luz. É um fenômeno que podemos agora integrar matematicamente na faixa $(-\infty, +\infty)$.

Mas toda esta dedução é uma consequência, ou é baseada em dados matemáticos que poderiam ser capturados em forma gráfica como mostrado na Figura 5 em 1914.

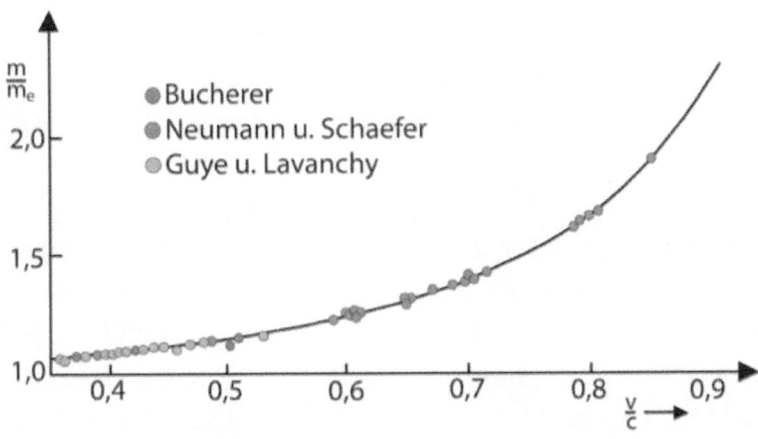

FIGURA 5
A MASSA QUE UMA PARTÍCULA GANHA QUANDO
É EM MOVIMENTO

E é realmente assim, que além de explicar como o Universo foi formado, podemos também avançar na linha do tempo, usando o exemplo dos três personagens fictícios de Galileu Galilei e o flash do canhão, quando colocamos o canhão de Galileu a uma distância de 4,7 bilhões de quilômetros. E quando viajarmos a essa alta velocidade, poderemos ver eventos em tempo real; mas alguém que esteja a velocidade zero, por exemplo, que esteja montado na Terra, verá esses eventos relativos para que, como se esses eventos estivessem acontecendo no futuro, mas que os mesmos sejam eventos do passado para que alguém fora da Terra possa viajar mais rápido que a luz.

Ou, por exemplo, um receptor de beisebol, que está recebendo os arremessos que um lançador está enviando com uma bola que vai bem dentro dos capturadores a 150 quilômetros por hora, ou seja, a cerca de 40 metros por segundo. Os captores poderão ver que o evento de lançamento acontece muito rápido, enquanto nós, se conseguirmos andar com a bola, perceberemos que o tempo não passou, porque nossa velocidade é zero em relação ao movimento da bola. Embora estejamos nos movendo junto com a bola a 150 quilômetros por hora.

E agora podemos dizer que a velocidade máxima em que uma partícula pode se mover é na verdade um valor absoluto, que é matematicamente igual a 27.000.000.000.000.000 quilômetros por segundo. E quando uma partícula se move com essa velocidade, vai ser totalmente difícil detectá-la. Mas teremos de procurar novos modelos matemáticos que possam descrever ou incorporar a descrição destes fenómenos cosmológicos.

Porque mesmo que desintegremos um ímã ou a massa m_0 tantas vezes quantas pudermos pensar, ela nunca poderá ser zero na equação, mas será sempre menor que o zero dos zeros. Ou você não será capaz de localizar a linha que você marca no seu rosto, onde ela começa e onde a parte da mão esquerda e a parte da mão direita terminam. E desta forma, a massa m_0 pode continuar a aparecer de forma sucessiva, como a massa m_0 dentro da massa de outro zero ($\textcircled{0}/0=0$), e tão interminável ou indefinidamente para o valor (se assim se pode chamar) menos infinito (-∞), porque o limite da menor pode agora ser imaginado por nós tanto física como matematicamente modelado. A mesma situação ocorre com o espaço, que agora será o menor lugar que pode caber em nossa mente. E essa capacidade de imaginar as coisas menores, é o que nos faz pensar, que realmente viemos de um Micro Mundo.

Mas na prática não significa que o fenômeno físico não exista, ou que tenha que desaparecer obrigatoriamente, porque matematicamente sua natureza não pode ser explicada. Mas o que é realmente verdade é que a energia e a massa do Universo existem, e continuarão a existir, enquanto o Universo permanecer em movimento. Mas algo tão imenso como o Universo, nada poderá detê-lo, e não poderemos fazer absolutamente nada para deter este movimento. Dessa forma, que só nos resta poder viver rejubilando que pertencemos ao Universo e que todos os seres vivos têm o mesmo direito de viver no Universo, mas isso não é uma exclusividade dos seres humanos, quando acreditam que alguém lhes concedeu esse direito, e que por exemplo os animais e as plantas não têm esses mesmos privilégios.

6

ESTENDENDO A TEORIA DO BIG BANG

É através do conceito de números virtuais que podemos imaginar que tamanho era o espaço antes do tempo zero, uma
vez que algo demasiado pequeno começou a formar-se, para
poder atribuir-lhe algumas dimensões, ou seria o equivalente
à dimensão zero. Mas então o sistema começou a mover-se,
até chegar ao tempo zero, ou seja, o momento em que se fizeram interações suficientes. E quando esse minúsculo sistema atingiu esse ponto zero, é daqui que podemos começar
a contar o tempo de um novo Big Bang, que podemos esten-
der até um tempo antes de zero. Porque foi nesse instante
que se produziu a força energética crítica, que fez com que o
pequeno sistema já não suportasse as altas energias geradas
em relação ao pequeno espaço, porque essas forças estavam
se acumulando antes que acontecesse a formação do Universo.

Dizemos que estas eram energias elevadas, porque corres-
pondiam ao tamanho desse ponto, mas embora o calor fosse
infinito em relação a esse ponto minúsculo, se isso acontecesse, por exemplo, na ponta do nosso dedo indicador, certamente não notaríamos que havia algo quente ali. Mas foi assim que se criaram as condições para que o Universo começasse a se formar a partir desse lugar no tempo inicial. E isso
aconteceu de forma gradual, mas não repentina ou espontâ-
nea a partir do tempo zero; ou é a partir daí que podemos
começar a contar o tempo zero do Big Bang. E, obviamente,
que a grande maioria dos cientistas só quer explicar os
fenômenos por meio de uma fórmula matemática e, neste
caso, a relação entre a massa e seu volume é a densidade, ou
seja, $V = m/\rho$.

E a única forma de explicar a origem dessa massa é assumir erroneamente que a densidade ρ era muito grande nessa altura, porque nesse volume muito pequeno estava concentrada toda a massa do Universo. Porque é graças ao erro de Albert Einstein que os cientistas cometeram outro erro, quando não notaram, que a massa m se forma realmente a partir do movimento das partículas. Mas antes desse momento crítico, no tempo zero, na realidade as partículas não tinham massa, e formou-se uma única partícula de um único pólo magnético que tivemos que chamar almatrino, porque o espaço para alojar essa partícula não tinha volume; por isso, a densidade também não poderia existir.

E quanto à alta temperatura, bem, já explicamos que o Big Bang como ele é, também não explica onde está o calor que aqueceu este ponto num tempo que não é zero, mas 1×10^{-35} segundos, que é o valor mínimo que se pode atribuir como o tempo Planck. Mas, ao mesmo tempo, teríamos que formular outro conceito de tempo, para descrever o lapso entre o intervalo infinito negativo e o ponto zero, ou seja $(-\infty, 0)$. Embora este conceito de tempo deva antes ser definido como um momento eterno, porque não muda e ainda existe, enquanto o Universo existir.

Mas embora este modelo possa efetivamente oferecer uma explicação, como é a abundância dos elementos, o Big Bang nos deixou um traço, como é o fundo de microondas cósmicas, e também a lei que Edwin Hubble descobriu. Mas se estas condições observadas fossem extrapoladas no tempo, ou seja, utilizando apenas as leis conhecidas da física, a previsão dir-nos-ia que pouco antes de um período de densidade e temperatura muito elevadas, não seríamos capazes de explicar ou compreender, com este mesmo modelo, como é que estas condições foram realmente alcançadas. E a discrepância desta seqüência de eventos e previsões foi catalogada como "uma das piores previsões que aconteceram em toda a história da física".

Assim, quando se acreditava que o Universo era estático, isto aconteceu durante muito tempo, porque não havia fórmula para descrever este evento de qualquer outra forma. Era semelhante a montar imaginário montado na bola lançada pelo lançador de beisebol, onde temos a sensação de que a bola está imóvel, mesmo que nos movamos com ela a uma velocidade de 40 metros por cada segundo passado. E assim se pensava, até que Edwin Powell Hubble, conseguiu olhar para fora da bola, e localizou um ponto de referência, e percebeu que as galáxias estão se afastando de nós, que estamos montados na Terra.

E assim Hubble observou que as linhas do espectro eletromagnético que vemos na Figura 1 estão em direção ao vermelho, nessa estreita faixa que corresponde à parte visível desse imenso espectro. Porque Edwin Hubble deduziu que se as galáxias se aproximassem de nós, essa mudança seria para uma zona visível, mas a que corresponde à cor azul. Mas, na realidade, não vamos conseguir ver absolutamente nada abaixo ou acima dessa estreita faixa visível.

Para ver ou captar ondas eletromagnéticas abaixo ou acima dessa faixa visível para a retina do olho humano, teríamos que usar o equipamento certo: por exemplo, um dispositivo que capte ondas de freqüência muito baixa, como um receptor que intercepte as ondas enviadas por uma fonte de ondas de rádio; ou um dispositivo de televisão que veja as imagens que não poderemos ver. Ou um dispositivo que usamos como

WIFI, lentes escuras para atenuar a radiação ultravioleta do Sol, etc. Mas não poderíamos estar muito próximos, quando ocorre a explosão de uma bomba atômica, porque estas radiações têm tanta energia que podem passar através das células, e podem danificar o DNA, porque esta gama é muito alta energia correspondente à radiação ionizante das ondas gama. No entanto, o que não poderemos dizer é que não há radiações com uma energia maior que a gama, porque ainda não temos um sistema para poder detectar essas radiações. Porque na realidade estas ondas têm uma energia demasiado alta, e seriam semelhantes às ondas ou radiações que se formaram no início do Universo.

Mas, em última análise, foi graças a essa observação aguçada de Hubble que se abriu a mente imaginativa dos cientistas. E talvez o que mais se interessou por ele, como já foi dito, fosse um religioso, o padre Georges Lemaitre, que, com base na observação de Edwin Hubble, apontou que, se o Universo realmente está em pleno crescimento, teria que haver necessariamente um ponto de onde se originou todo esse evento de crescimento do Universo.

Até 1964, a pegada, ou seja, a radiação cósmica de fundo de microondas, foi descoberta, o que era evidência indubitável prevista pelo modelo quente do Big Bang. Desde essa teoria, considera a existência de radiação de fundo em todo o Universo, muito antes de tal radiação ter sido descoberta. O problema é como foi dito, como, ou de onde esse calor se originou? Ou também que a descoberta da aceleração cósmica em 1998, continua com o interesse de encontrar de alguma forma a constante cosmológica.

Mas só esperamos que com a nossa teoria da gestação do Universo, a agitada jangada carregada de cientistas, filósofos e religiosos, entre definitivamente num mar de calma, para que a humanidade dê mais valor à sua existência, e à existência de todos os outros seres que habitam a Terra. Porque absolutamente, todos nós temos o mesmo direito de viver, porque absolutamente, todos nós surgimos da mesma energia que formou o Universo; ou seja, todos nós devemos desfrutar do modo de vida que nos corresponde, mas sem a necessidade de sermos assediados ou assediados uns aos outros, ou que continuamos matando nossos irmãos e irmãs animais para nos alimentar com a carne de seus corpos, porque isso realmente não é necessário, e é contrário a qualquer Lei de origem natural.

Mas talvez um dia, e com a tocha deste conhecimento, possamos iluminar a escuridão em que a humanidade está encerrada, para que esta forma de vida encarnada saia da sua fase tenebrosa, da mesma forma que o Universo saiu das trevas, quando a luz começou a formar-se. E que esta seja apenas uma fase pela qual a humanidade teria que passar, para que, como Stephen Hawking mencionou, a humanidade possa levar a tocha do conhecimento ao mais alto nível, e assim entrar em um novo estágio de consciência, que é uma questão necessária para a sua existência, e para a existência de todos os seres vivos.

No entanto, voltando à análise do Big Bang, essa teoria não era complacente com os grandes cosmólogos, o que foi sem dúvida outro grande erro, pois muitos deles raciocinaram que pelo fato de terem começado ou terem uma origem, em vez de serem estacionários, a teoria do Big Bang deveria incorporar esses aspectos religiosos à ciência. Porque alguém deveria intervir para iniciar esse crescimento. Mas talvez isso fosse apenas uma coincidência, já que essa era a realidade que alimentava mais as dúvidas dos cosmólogos que ainda estão remando na mesma jangada. Já que eles na turbulência, tentam separar o pensamento científico de um fenômeno real, mas que logicamente passa pelas duas vertentes da filosofia, como é a ciência e a religião. E uma se alimenta de provas experimentais, enquanto a outra se baseia apenas em uma idéia filosófica. E a idéia filosófica terá que desaparecer junto com sua doutrina de filosofia. Mas o problema é que tudo isso faz parte do pensamento humano quando ele tenta investigar para elaborar uma explicação. Portanto, não conseguiremos separar essas formas de pensamento, apenas pelo fato de que alguém levou para a explicação do mesmo fenômeno, de uma maneira diferente. Porque Hubble, por exemplo, era um esportista excepcional, e aparentemente seu pai era religioso e queria que seu filho Edwin fosse também um reverendo. Enquanto está provado que o criador da teoria do Big Bang, Georges Lemaitre era um padre católico. E os cosmólogos são apenas cosmólogos, mas o que não vamos poder duvidar é que estamos todos navegando dentro da mesma jangada.

E podemos, no entanto, mudar a filosofia do pensamento, mas a origem do fenômeno e sua lógica é a única coisa que não poderemos mudar, e não importa se somos científicos ou religiosos. Mas o exemplo é que, apesar de ser um religioso, Lemaitre pensou, de forma bem fundamentada, isso:

"Se o mundo começou com um único quantum, então as noções de espaço e tempo não teriam nenhuma razão a princípio; e só começarão a ter um significado quando o quantum original tiver sido dividido em um número suficiente de quantum. E se essa sugestão estiver correta, o começo do mundo aconteceu um pouco antes do começo do espaço e do tempo".

Mas esta apreciação surpreendente de Georges Lemaitre é correta, mas foi sem dúvida o que nos levou a explicar como era o Universo antes do tempo zero. Só que o Universo, como já mostramos, não poderia começar no momento zero, num ponto de alta densidade, mas também extremamente quente, porque isso pressupõe a existência de uma energia antes do evento. Portanto, isso não explicaria a existência de energia e massa escura, que é um dos erros que temos de enfrentar se seguirmos a teoria do Big Bang. E nossa teoria de como ela começou a se formar no universo a partir do nada adquire mais força. Mas se aconteceu de outra forma, que todos mencionem sua lógica, porque a lógica de Ptolomeu esteve viva por mais de 1500 anos.

Embora tudo isso faça parte da capacidade de raciocínio do ser humano, independentemente da linha que ele tenha escolhido como seu trabalho para alcançar seu próprio raciocínio. Mas o que precisamos a partir de agora, já que o crescimento do Universo está apenas começando, é que uma mudança na consciência do ser humano é necessária ou tem que ocorrer. Ou se a gestação do Universo levou 0,75 bilhões de anos, ou seja, 9 meses cósmicos, o Universo é apenas um adolescente de 13,8 bilhões de anos. O que significa que ainda teríamos um longo caminho a percorrer para aprender a viver sem cometer os mesmos erros de existência. Mas é necessário e urgente elevar a consciência do ser humano, para que a humanidade possa corrigir seu comportamento no tempo, antes que a humanidade se destrua inevitavelmente. Pois se a jangada fosse feita de madeira, a humanidade estaria devorando sua própria jangada como se fosse um enxame de cupins.

E com a emergência de uma nova quantidade de calor Q, ele se tornará cada vez maior, mas essa enorme quantidade de calor gerada se transformará em uma maior quantidade de massa, de acordo com a equação que definiu a teoria da relatividade: $m = m_0 + Q/C^2$, ou $Q = \Delta mC^2$. Ou na mesma medida, ou sempre que se for formando uma nova quantidade de energia, segundo o professor russo Andrei Linde, sempre que surgir uma nova quantidade de calor, formar-se-á uma nova quantidade de massa e surgirão novas galáxias; e só assim, que a quantidade de calor gerada seja aplacada por essa enorme quantidade de energia, quando esta se estiver a condensar em forma de massa. Porque a massa condensada pode armazenar uma enorme quantidade de energia. Ou tomemos o exemplo de uma bomba atômica, ou gasolina que nada mais é do que energia líquida que podemos carregar no tanque do nosso veículo, para cobrir uma grande distância, e assim por diante.

Portanto, com a nossa análise das almatrinos, podemos agora compreender porque é que o crescimento do Universo acontece de forma acelerada. Mas também explica a outra observação de Hubble, com a qual ele percebeu que as galáxias realmente se formaram a partir das nuvens na forma de poeira cósmica.

E com uma nova teoria adaptada do Big Bang, que agora pode nos oferecer uma explicação mais ampla de uma gama de fenômenos observados, incluindo a abundância de elementos de luz como hidrogênio e hélio ou lítio, e talvez o mais importante, a teoria do Big Bang é baseada no modelo da teoria da relatividade geral de Albert Einstein. Mas isso nos ajudará a abrir caminho para outras teorias assumidas, tais como a homogeneidade e a isotropia do espaço ou a deformação do espaço-tempo, porque o tempo não existe. Mas as equações matemáticas que explicam ou carimbam estas observações foram formuladas pelo físico e matemático russo Alexander Friedmann, pelo que outra deve aparecer como Friedmann que matematicamente formula as novas teorias.

E entre 1968 e 1970, Roger Penrose, Stephen Hawking e George F. R. Ellis, publicaram trabalhos nos quais demonstraram que as singularidades matemáticas eram uma condição inicial inevitável dos modelos relativistas gerais do Big Bang. E depois, dos anos 70 aos anos 90, os cosmólogos trabalharam na caracterização do universo do Big Bang e na resolução de problemas pendentes.

Em 1981, Alan Guth fez outro avanço no trabalho teórico sobre a resolução de certos problemas relacionados com a teoria do Big Bang ao introduzir um tempo de rápida expansão no universo primitivo, que ele chamou de "inflação". Enquanto isso, que durante essas décadas, há duas questões na formulação da cosmologia que geraram discussão e discordância, como a dos valores precisos da Constante de Hubble e da densidade de matéria no Universo, antes da descoberta da energia escura, que foi considerada como uma predição chave para o destino final do Universo.

E desde o final da década de 1990, outros caminhos significativos na cosmologia do Big Bang foram desobstruídos, como resultado dos avanços na nova tecnologia de telescópio, bem como da análise precisa dos dados dos satélites de observação. E os cosmólogos agora têm medidas bastante confiáveis e precisas dos parâmetros para analisar o modelo do Big Bang.

Apesar disso, em novembro de 2019, Jim Peebles, Prêmio Nobel de Física 2019 por suas descobertas teóricas em cosmologia física, em sua apresentação de prêmios, apontou que ele não apoiava a teoria do Big Bang, devido à falta de evidência concreta de suportes e, portanto, Peebles afirmou isso:

"...é muito lamentável que se pense num começo, quando na verdade não temos uma boa teoria de algo como o começo".

Mas este é um erro de Jim Peebles, porque já demonstramos como era esse princípio, e a única coisa que faltaria seria que os físicos teóricos das novas gerações se dedicassem a traduzir tudo o que foi dito em uma única equação para expandir o novo Big Bang. Porque talvez, para explicar isto, tenhamos que recorrer a um novo modelo matemático, no qual a realidade do fenômeno, de como o Universo se formou, se ajusta de forma mais precisa. Porque é importante saber como os terráqueos, de onde viemos e para onde vamos, para ver se podemos aprender a viver como seres humanos; isto é, sem guerras entre irmãos e entre seres humanos; mas também para saber valorizar da mesma forma nossos irmãos os animais, ou nossos outros irmãos que estão vivos mas não podem andar, como as árvores, porque são necessários para formar a floresta que lhes dá sombra, e sob a qual vivem outros animais, mas além disso, as árvores são alimentadas com água que não está contaminada. Mas são as árvores, as que vestem a Terra, com o verde da mais bela veste que pode existir neste imenso Universo.

SOBRE O AUTOR

Graduado pela Faculdade de Química da Faculdade de Ciências da Universidade Central da Venezuela, com uma licenciatura em Tecnologia Química. Pós-graduação em Ciência e Tecnologia de Alimentos. Trabalho especial sobre a química dos produtos naturais e a química das doenças. Designer de processos químicos. Livros: "A Química do Câncer". "A Química da Diabetes". "O ataque cardíaco". "Doença de Alzheimer". "A Química da Artrite". "A Química do Pensamento. "A Química do Espírito". "Como o Universo foi formado. "Os expensalistas". "Por que você não deve comer carne. "O Micro Mundo. "Deus realmente existe? "Protesto contra a Relatividade de Albert Einstein. "Adivinhar o Futuro", "O Universo Antes do Tempo Zero"...